U0294595

筑境

中国精致建筑100

北京四合院

王其明 撰文／张振光 等摄影

中国建筑工业出版社

出版说明

　　中国是一个地大物博、历史悠久的文明古国。自历史的脚步迈入新世纪大门以来，她越来越成为世人瞩目的焦点，正不断向世人绽放她历史上曾具有的魅力和光辉异彩。当代中国的经济腾飞、古代中国的文化瑰宝，都已成了世人热衷研究和深入了解的课题。

　　作为国家级科技出版单位——中国建筑工业出版社60年来始终以弘扬和传承中华民族优秀的建筑文化，推动和传播中国建筑技术进步与发展，向世界介绍和展示中国从古至今的建设成就为己任，并用行动践行着"弘扬中华文化，增强中华文化国际影响力"的使命。从20世纪80年代开始，中国建筑工业出版社就非常重视与海内外同仁进行建筑文化交流与合作，并策划、组织编撰、出版了一系列反映我中华传统建筑风貌的学术画册和学术著作，并在海内外产生了重大影响。

　　"中国精致建筑100"是中国建筑工业出版社与台湾锦绣出版事业股份有限公司策划，由中国建筑工业出版社组织国内百余位专家学者和摄影专家不惮繁杂，对遍布全国有历史意义的、有代表性的传统建筑进行认真考察和潜心研究，并按建筑思想、建筑元素、宫殿建筑、礼制建筑、宗教建筑、古城镇、古村落、民居建筑、陵墓建筑、园林建筑、书院与会馆等建筑专题与类别，历经数年系统科学地梳理、编撰而成。本套图书按专题分册，就其历史背景、建筑风格、建筑特征、建筑文化，结合精美图照和线图撰写。全套100册、文约200万字、图照6000余幅。

　　这套图书内容精练、文字通俗、图文并茂、设计考究，是适合海内外读者轻松阅读、便于携带的专业与文化并蓄的普及性读物。目的是让更多的热爱中华文化的人，更全面地欣赏和认识中国传统建筑特有的丰姿、独特的设计手法、精湛的建造技艺，及其绝妙的细部处理，并为世界建筑界记录下可资回味的建筑文化遗产，为海内外读者打开一扇建筑知识和艺术的大门。

　　这套图书将以中、英文两种文版推出，可供广大中外古建筑之研究者、爱好者、旅游者阅读和珍藏。

目录

北京四合院

合院式的布局是中国传统建筑的共有特点，在居住建筑中尤为普遍。北京作为中国最后的几个封建王朝的都城，体现了中国古代城市建设的杰出成就。在住宅建筑方面，北京四合院可视为中国传统合院住宅的代表。

四合院的历史源远流长，根据考古资料，陕西省扶风县凤雏村遗迹，已具备了后世四合院的基本形态。它距今有3000余年，是目前发现的最古老的合院遗址。汉及以后各代均有四合院形制建筑的间接材料可见，诸如：画像砖、画像石、壁画、绘画等所描绘的形象，还有表现出四合院住宅立体模型的明器。由于中国建筑采用木构架，而木材难以持久，一般住宅用料又不及宫殿、庙宇硕大精良，加上不断地修葺或重建，所以北京现存的住宅建筑鲜有早于明代的。今天能见到的北京四合院主要是晚清或民初的遗留物，即或有些是明代住宅的原基址，但已不能认为是明代建筑了。

据最近的研究发现，北京建城的历史可上溯至周武王十一年，大约在公元前1035年，也就是说北京建城距今已有三千余年了。不过北京的城址屡有变迁，本书所说的北京城区是指以元大都城址为基础的明清北京城墙范围以内的地方。元大都是元初在金中都的东北完全新建的一座都城，其规划是中国历代都城中最接近《周礼·考工记·匠人》中所说"匠人营国"的制度。元大都布局中直接影响四合院的是它的街巷配置。南北走向的路较宽，叫"街"；东西走向的路较小，叫"胡同"。这与明清时期北京城的街巷布局基本上是一致的，今天北京城内的胡同分布仍未脱离这个体系。

图0-1　西长安街南侧的
胡同鸟瞰
北京的胡同多是东西走向的，在胡同两侧排列着住宅的大门。北侧朝南开的都是正门，比较高大。南侧朝北开的，有的是大型住宅的后门，有的是小型住宅的大门；尺度要小一些，形制也低一些。

北京城内胡同的间距一般为60—70米，胡同宽4—6米。两条胡同之间的地段就正好是一所大型住宅的基地的深度，住宅的前门、后门各临一条胡同。小型住宅则在两条胡同之间可容下背靠背的两所。因此，胡同的间距制约了四合院住宅的进深。至于每宅占地的宽度就要看它的规模大小而定了，有些大型住宅可以有数条轴线并列，几乎占了半条胡同。不过元大都建设中对此是有明文规定的："至元二十二年（1285年）二月壬戌，诏旧城居民之迁京者，以赀高及居职者为先，仍定制以地八亩为一分，其或地过八亩及力不能作室者，皆不得冒据，听民作室。"（《元史·世祖本纪》）马可·波罗盛赞元大都的规划，说它的街道整齐如棋盘，那么，这些四合院住宅当然就是放在棋盘中的众多棋子了。这些棋子从容地占据着自己的位置，大同小异，井然有序。

图0-2 北京典型胡同街坊示意图/上图
《乾隆京师全图》中的住宅与胡同的
关系，同今日的情况基本一致。

图0-3a~c 辽金元明清北京城的变迁
今日的北京城区是从元大都时奠定
的，明代去掉了大都北部五里，往南
扩展一里，加建外城，形成了北京城
"凸"字形的外廓。

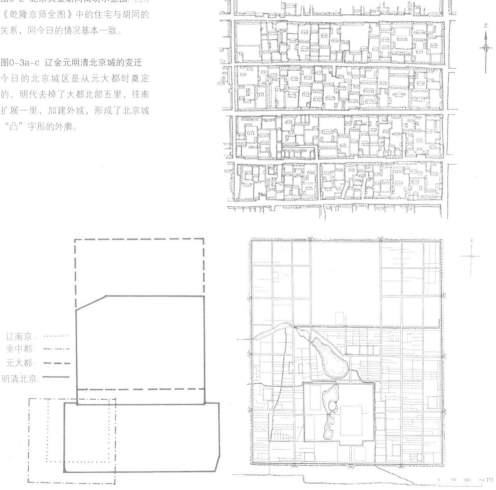

a 辽金元明清北京城范围示意图　　　　　　　　b 元大都平面示意图

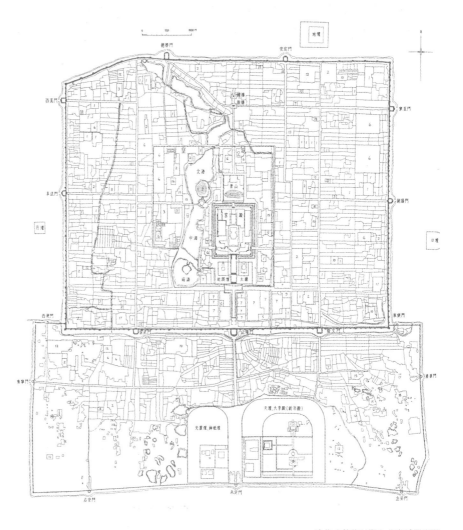

c 清代（乾隆时期）北京城平面图

1. 亲王府	10. 官手工业局及作坊
2. 佛寺	11. 贡院
3. 道观	12. 八旗营房
4. 清真寺	13. 文庙、学校
5. 天主教堂	14. 皇史宬（档案库）
6. 仓库	15. 马圈
7. 衙署	16. 牛圈
8. 历代帝王庙	17. 驯象所
9. 满洲堂子	18. 义地、养育堂

图0-4 典型四合院平面图

1. 大门
2. 倒座房
3. 屏门
4. 影壁
5. 垂花门
6. 檐廊
7. 东厢房
8. 西厢房
9. 游廊
10. 正房
11. 耳房
12. 后罩房

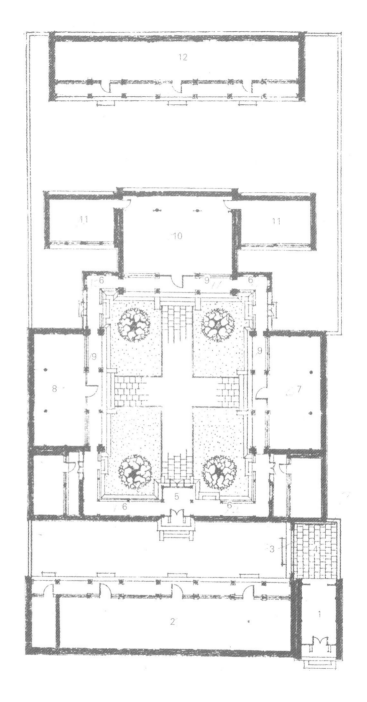

一、庭院深深

筑境 中国精致建筑100

北京地处北纬39°、东经116°，气候温和，雨量适中。冬季虽冷，但非严寒；夏季虽热，但无酷暑；没有黄梅天，花草树木生长繁茂；宜于户外活动的时日颇长，院子常常成为住户生活起居的重要空间，使用率很高。北京最不利的气候条件是冬季的西北风，由于北京城原来有既高且厚的城墙环绕，对防洪、防风沙起到一定作用。再加上四合院的内向封闭式处理，使风沙对庭院的袭扰减低了许多。

北京由于长期作为都城，在建设中集中了全国的能工巧匠，修筑了辉煌的宫殿、坛庙、寺观、衙署、府第，住宅的建造水平自然会相应提高。来自全国各地的官宦富商，在北京建造住宅时，常从自己家乡请来工匠，多少会把一些地方的优秀传统带进京城。这些官宦富商在家乡修建住宅时也常会把京式四合院移植回去，以炫耀乡里，所以北京四合院又对各地住宅有所影响。例如在京城为官人数颇多的浙江绍兴，其住宅大门使人感到有北京大门的基因；在京经商的众多山西人，以其家乡的住宅按北京四合院建造为荣。我们可以这么说，北京四合院是中国合院式住宅的典型。

四合院的得名，正是因为它由东西南北四座建筑物围合而成，每座建筑都朝着院子开门开窗。住宅基地平面多为南北长、东西狭的矩形。小型住宅就是一个院子。大型住宅由一个以上的院子纵向串联而成，有几层院落就称几进院，最多可到五进院。但每进院子不尽然都是四面有房，有的只三面有房，有的甚至只

图1-1 鸟瞰四合院组群（模型）（章力 摄）

昔日，从高处俯视北京城，除了宫殿、寺庙等少数彩色琉璃瓦屋顶外，都是整齐的住宅，灰色屋顶。今天在四合院中增加了许多搭建的房屋，使房屋显得拥挤，缺乏从前的韵律感。但那些阅尽沧桑的树木，却仍然从有限的空隙中伸向青天，绿色的树冠，灰色的屋顶，仍然使我们回忆起老北京城的基本结构。

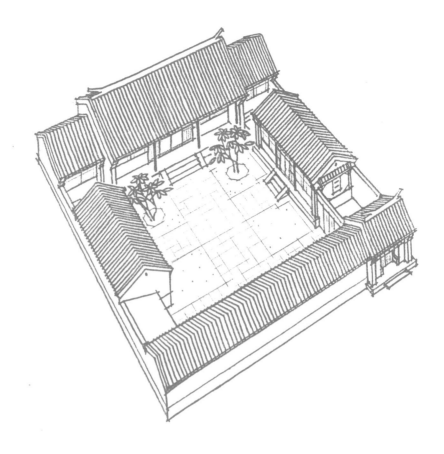

图1-2 一进院（陈瑞祥 绘）
由东西南北房共同组成一个
矩形的庭院，各房均在朝向
庭院的一面开门窗。其他三
面用砖墙封闭。一进院是四
合院的基本形式。一般只有
檐廊，不设游廊。庭院用砖
铺地，四隅留出土地，种植
花木。

一面有房，其余各面是墙或廊，但总是围合成
完整的空间。四合院的布局方式是依一条南
北走向的中轴线对称布置的，主要房屋建在中
轴线，与主轴线垂直的次要轴线上建次要的建
筑。一座四合院住宅所包含的单体建筑物，由
前而后依次有街门、影壁、倒座房、垂花门、
厅房、正房、耳房、厢房、后罩房、廊、围墙
等等。

一进院：先从一进院的小四合房说起。
以基地坐北朝南的标准型为例，大门开在基地

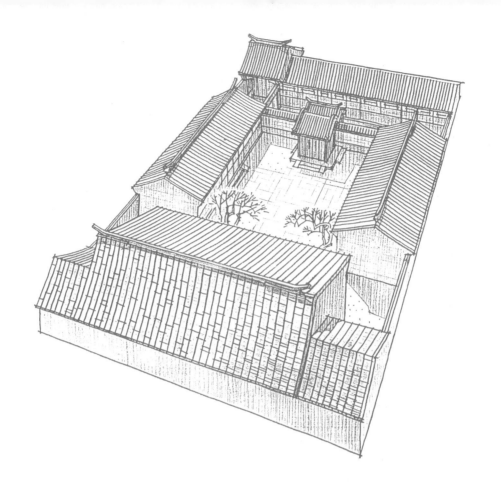

图1-3 二进院（陈瑞祥 绘）

在一进院的东西厢房的南墙之间，建一堵墙，将倒座房隔在
外院。在墙的正中开二门或建成垂花门，这样就形成了两重
院落。这种住宅房屋的质量一般优于一进的小四合院。有垂
花门的还多建有游廊。老北京人习惯将一进的四合院叫"四
合房"，而把有垂花门的四合院称为"宅门"。

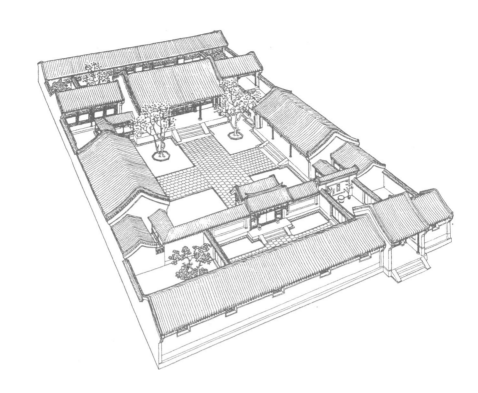

图1-4 三进院
在两进院的正房之后，建一排后罩房，形成第三进院，也叫"后院"。后院多呈扁长方形，一般是由正房东侧的穿堂或过道进入后院。

的东南角上，也就是开在胡同的北侧。门朝南开与大门毗连的坐南朝北的房屋叫"倒座房"，因为它与正房对面而立，故也称"南房"。居于中轴线的坐北朝南的房子为正房，也称"北房"，是全宅中的主房，尺度最大，质量最高。正房前左右对称而立的是厢房，坐东朝西的叫"东厢房"，坐西朝东的叫"西厢房"。北京人的习惯，是房屋坐落在院子的什么方位就叫什么房，而不是按它的门窗朝向来称呼的。不习惯这一叫法的人常常以为北房朝向不好，其实北房朝南，是最好的方向。老北京有句顺口溜："有钱不住东南房，冬不暖来夏不凉。"正房一般是三开间，特殊的有五开间的，不管是三间还是五间，总是要奇数，这样中轴线可以不通过柱子。正房两侧紧贴着山墙而建的较低较小的房子叫"耳房"，耳房可以是一间或两间。在基地过窄只够四间房的宽度时，为了盖成五间房，那耳房就很窄，俗称"四破五"。厢房间数一般也是奇数，偶然也有偶数的。厢房的南山墙外也常建造类似正房边上的耳房，这种耳房常做成平顶的，称为"盝顶"。影壁在大门之内，一般多建在正对大门的东厢房外或跨在东厢房的南山墙上。

二进院：就是在一进院的倒座房与由正房、厢房等所组成的三合院之间加建一道隔墙，将倒座房分隔在外院，这样就成了两进院。在隔墙的中间开一座二门，二门之内在昔日传统社会就是所谓的非请莫入之"内宅"了。一般的二门是一座随墙门，如建成垂花门就有更深一层的含义，老北京人喜欢称有垂花门的住宅为"宅门"。

三进院：就是在正房的后边再建一排坐北朝南的比正房低小的房子，叫"后罩房"。这样就成了三进院落了。一般是从正房的东侧进入后院，或是留有过道，或是把东耳房隔出半间来供出入通行。

四进院：在有垂花门的内宅院前面，建一进以厅房为主的院子。厅房与主房一般高大，特点是南北墙上都开门窗。厅房两侧也设耳房，前面也建东西厢房。有一种厅房明间专供通行，叫"过厅"。

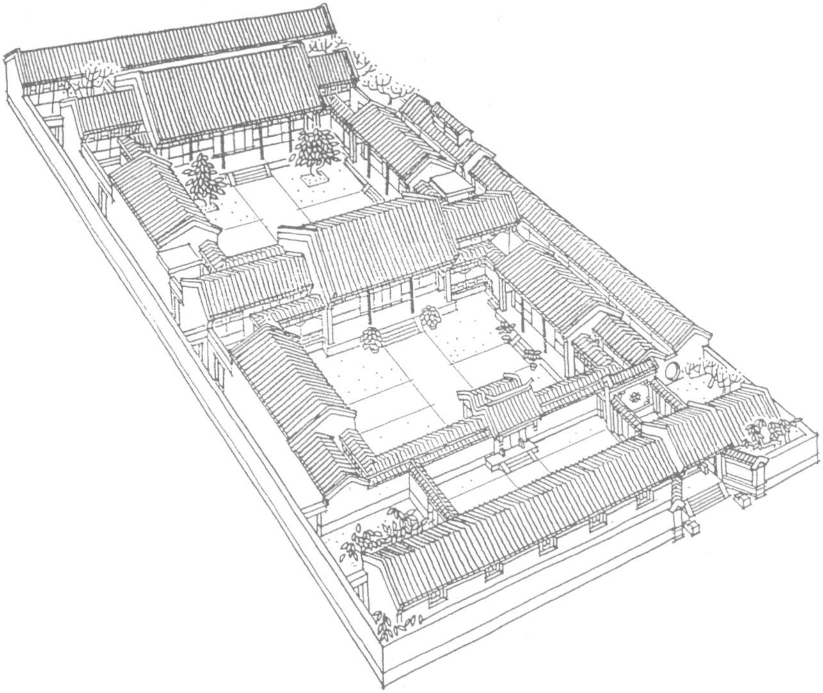

图1-5 带群房的四进院

在正规的胡同中，受胡同间距局限，一般只能建四进院。组成四进院的习见形式是在正房之前加一进以厅房为主的院落。这种大型四合院所需的辅助建筑，如厨房、储藏、男仆住室等常以在宅侧建一排群房来解决。

五进院：组成五进院有两种情况，一种是比四进院多一层南房；另一种是在厅房之后与内宅之间有墙相隔。

主要院落外，有些在宅侧建有跨院、群房等等，供生活服务使用。

再大的住宅就是由一条以上的轴线组成。一条轴线的房屋以居住为主，另一条是有厅房的，可供对外使用。有一种只建厅房，另三面为廊子，也建垂花门，叫作"花厅"，是为宴客用的。规模更大的住宅另建有宅园。

以上讲述的布局方式是北京四合院的基本情况。一些临南北街巷的住宅，或是受其他因素制约，布局进数变化很多，无法一概而论。

北京四合院采取内向性多进院落的布局方法，房间众多，深深庭院，层次清楚，内外分明，封闭静谧，是非常适合传统社会几代同堂的住宅类型。

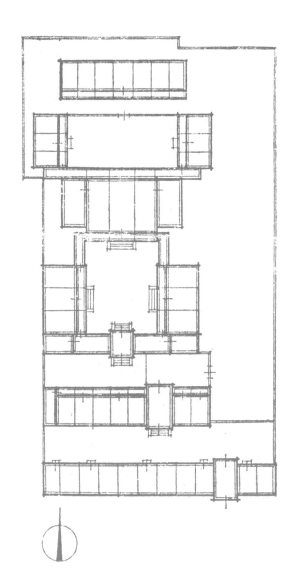

图1-6 五进院
组成五进院的方式有的是在倒座房之内再
建一排南房，有的是在正房与后罩房之间
加建一堵墙。

图1-7 胡同鸟瞰/上图
北京胡同多东西走向，两侧排列
住宅大门。

图1-8 今日胡同的外观/下图
北京的胡同经过岁月的磨砺已渐
渐失去了往日的风貌。在外檐墙
上常常开窗以通风采光。

北京四合院 | 庭院深深

筑境 中国精致建筑100

图1-9 北京胡同一隅

北京城内胡同宽约4—6米，两条胡同之间的地段恰好是大型住宅的进深（前、后门各临一条胡同），或恰可容下小型住宅背靠背的两所。北京城街道整齐如棋盘，四合院住宅即如棋盘上的棋子，大同小异，井然有序。

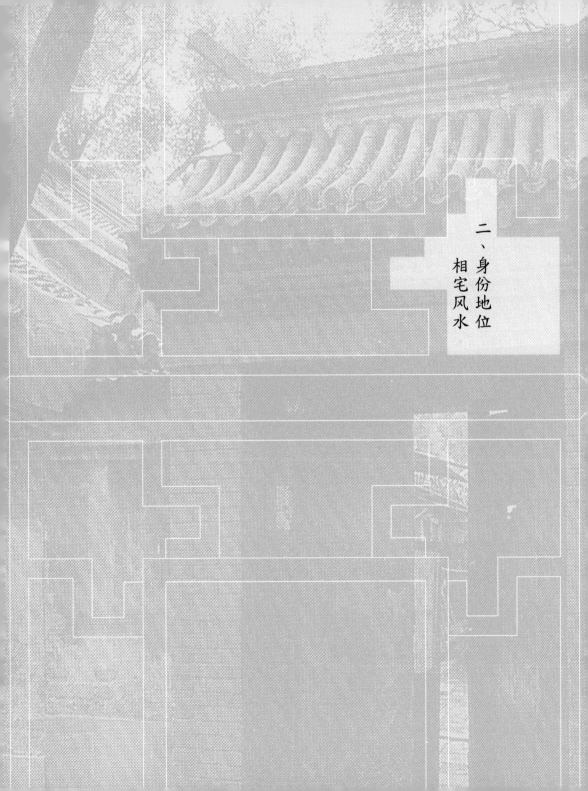

二、身份地位
相宅风水

身份地位 相宅风水

领境 中国精致建筑100

走在北京的胡同里，看到的是一座座大大小小的宅门，这种临街的大门，北京人叫它"街门"。它的形式虽然多种多样，但归纳起来不外乎屋宇式与随墙式两种。屋宇式大门是主流，因为清代曾规定沿街的房屋必须联络整齐，所以沿街大门必须是屋宇式的，以便与旁边的房屋相连接。后来放松了限制，沿街房屋不能联络整齐时可用墙补缺，这样才出现了随墙式门。

屋宇式门依等级的高低有广亮大门、金柱大门、蛮子门、如意门等数种。

广亮大门：或作"广梁大门"，是住宅大门中等级最高的。它的进深大于旁边的房屋，因而屋顶也高出两侧房屋。门屋的构架有山柱或中柱，门安在山柱或中柱位置上，门洞内外进深相等。大门的一切构件如：抱框、门扇、余塞板、走马板、连楹、门簪、门钹、抱鼓石、门枕石、门槛等一应俱全，而且在檐柱顶端还装着雀替三幅云，更显示出宅主非同一般的社会地位。

大门外常设几步台阶，台阶两侧有上马石、拴马桩。门道以内常摆两条整根木料做成的春凳，又称"懒凳"。门槛很高，可以摘下来。当有亲友光临，轿子或车马要拉进院子时，摘掉门槛，台阶铺上木板，车轿即可直到垂花门前。

图2-1 广亮大门/上图

这是四合院大门中等级最高的，属于屋宇式门。它比相邻的倒座房进深大，屋顶高，脊饰也较突出。在结构上有中柱（或称山柱）。门立在中柱位置，门限内外进深相等，显得从容气魄。在檐柱上端装有雀替三幅云，以标志宅主的身份地位。

图2-2 金柱大门/下图

这种门也是屋宇式门，进深较浅，在结构上没有中柱，门立在外金柱位置。门洞在门限以外部分很浅，门限以内较深。这种门在檐柱上端有时也装有雀替。

金柱大门：进深小于广亮大门，门屋构造没有中柱，门安装在前金柱位置上，门洞外浅内深。门的各种构件略同于广亮大门，表明宅主地位较高，但一般没有雀替。

广亮大门和金柱大门一般是官宦人家的标志。

蛮子门：门屋大小不定，主要特点是门装在前檐柱位置上，门洞全在门扇以内，门的构件略同于前二者，但比较简朴，没有雀替。

如意门：门屋大小也没有定规，门装在前檐柱或略退进少许。与蛮子门不同的是它要

图2-3 蛮子门
这种门也是屋宇式门，门立在外檐柱位置，把门洞全封在门限以内。它与如意门不同之处就在于不砌砖墙，而是全部用木装修。

图2-4 如意门

这种门也是屋宇式门，其尺度可大可小，大的不亚于广亮大门，小的只有半开间大小。它的特点是在门洞的外檐柱处砌一堵砖墙，墙上留出门口，装两扇较小的门，把门洞全封在门限以内，大型豪华的如意门在门楣以上采用精致的砖雕装饰；小的如意门则十分俭朴。如意门比较严谨、开关轻巧。

身份地位 相宅风水

筑境 中国精致建筑100

砌一堵砖墙，留出双扇小门的门口，这样门的开启部分大大地缩小了，既灵便又有一种安全感。大的如意门可与广亮大门尺度一样，有的甚至就是由广亮大门改装的，原来的大门痕迹仍留存；小的如意门只有半开间大小。考究的如意门使用大量砖雕花饰，简朴的如意门只在门楣之上用瓦组成一排钱文，既减轻自重，又起装饰作用。一般的广亮大门、金柱大门都是用四颗门簪，如意门只用两颗，偶尔也有用四颗的。据说大而华丽的如意门是宅主富而不贵，一般是商人或名流。这样做既可夸耀财富又不会逾越规制。

随墙门：最多的是"小门楼"。它两边与墙相接，门两侧各有一很短的山墙，门上有小小屋顶，屋顶上屋脊、屋瓦、屋檐等一点不会含糊，门框、门扇、门簪、抱鼓石等也一应俱全，只是尺度较小。这种门的门扇上最喜欢加门联，如"忠厚传家久，诗书继世长"、"向阳门第春常在，积善人家庆有余"等。门框上常钉小牌，如"陇右李宅"、"琅琊王寓"等，写出宅主的姓氏籍贯。

还有一种随墙门是车马出入的"车门"。

最后还要介绍一种北京人称之为圆明园式的门，屋宇式的、随墙式的都有，它是一种特定历史时期的产物。清代圆明园中修造了西洋楼，风气传出来，有些喜欢洋务的权贵富商难免要上行下效一番，就在中式屋宇或随墙门上，加西洋柱式、女儿墙、砖墩子

图2-5 小门楼/上图

这种门属于随墙门，门的两侧与墙连接。因人们习惯用屋宇式门，所以这种门也砌两堵很短的山墙，上置一个瓦顶，脊饰、檐口等等样样具备。这种门多为小户人家所用，门扉上常刻对联，如"忠厚传家久，诗书继世长"等等。

图2-6 车门/下图

富贵人家有自己的马号，车马进院需要较宽的门。这种门属随墙门，屋檐出挑的方法很随意而美观。

上蹲狮子等饰件，尤其是砖雕的券洞门更具当时特色。

大门在北京四合院住宅中居重要的地位，它是一家社会地位的表征，是显示体面的地方，平时总是保持得整齐清洁，门簪的花饰、抱鼓石纹样、门钹的式样质量等也能表现出宅主的修养与素质。

北京四合院的格局除受到基地、封建礼法、宗族生活需要的制约外，还有一些特定的因素。人们常常要问：为什么它的大门都开在东南角或西北角上，为什么正房都坐北朝南，厨房都在东侧，车门都在西南角上等，这里有它的讲究。

中国古代有一套"相宅"的说法，活人住的是"阳宅"，死后住的是"阴宅"。"宅"就是"择"的意思。先秦时代讲究"卜宅"，《诗经》、《书经》上都有记述。到汉代有所谓"五音宅相"，把人的姓氏分为"宫、商、角、徵、羽"五音，姓属哪个音，就应择定哪个朝向的宅。唐代受佛教影响，又输入了印度的吉凶占验观。宋代风水学说盛行，以河北正定为中心的风水学说，对北方民居起了决定性的影响。

北京住宅的大门所以偏在一方，是受这个潜在的指导而出现的。简单地说，住宅的布局按"七政大游年"而定。七政大游年就是以北斗七星之义与其运行规律用于"相宅"的方

a 门联

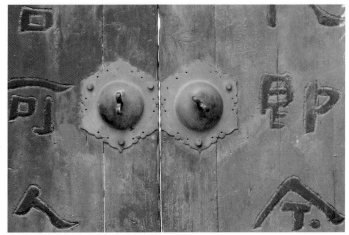

b 门钹

c 抱鼓石

图2-7 门联、门钹、抱鼓石

北京四合院大门有许多造型和制作都很精细的装饰附件，如抱鼓石、门钹、门联、门簪、彩画、雕刻……，一般都不令人感觉烦琐粗俗，色彩和构图也都比较雅致。

a

b

北　京　四　合　院

身份地位　相宅风水

筑境　中国精致建筑100

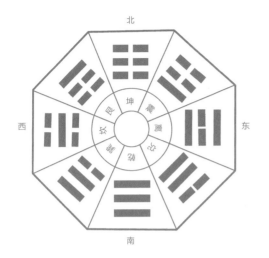

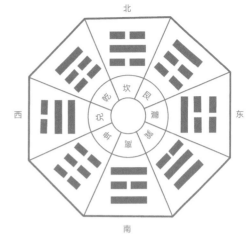

图2-8a,b 门簪/对面页
大门在北京四合院住宅中居重要的地位，它是一家社会地位的表征，是显示体面的地方。门簪的花饰、数量（少者两枚，多者四枚），也能表现出宅主的身份与地位。

图2-9 先天八卦方位图/左图

图2-10 后天八卦方位图/右图

法。北斗七星加上辅弼二星合称"九曜"。九曜的名称和五行属性是：贪狼（木）、巨门（土）、禄存（土）、文曲（水）、廉贞（火）、武曲（金）、破军（金）、辅弼二星（木）。九曜在"相宅"风水中的命名与吉凶依次是：生气（吉星）、天医（吉星）、祸害（凶星）、六煞（凶星）、五鬼（凶星）、延年（吉星）、绝命（凶星）、伏位（辅弼二星，中吉）。风水师以罗盘定住宅基地的卦位，以此卦位为"座山"，例如坐北朝南的叫"座坎朝离"，坐东南朝西北的叫"座巽朝乾"。"座"就是"伏位"，就是辅弼星七政之位是以宅的卦名卦象，依七星的顺序，以其爻位变化所成的卦象，按顺时针方向定其星位。风水师有依此编成的歌诀称"七政大游年"。伏羲氏根据河图、洛书，仰观天文，画八个符号——爻象，根据太极与阴阳学说形成

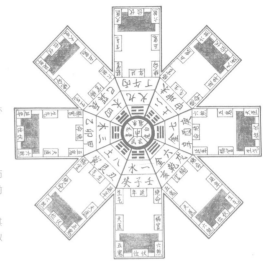

注：图中伏位亦称伏吟，俗谓座山亦
如是。座山前方直相对者为朝向。
座山由左向上、右、下顺时针方向。
七政游年顺序亦同。
四灵（四象、四季）仍随座山旋转而
变动。即座山永为玄武、左青龙、前
（朝向）朱雀、右白虎。
七政名称图中所取为俗用名称，其
准确变化规律，系由变而来。故应以
较正名称为推演依据。

图2-11 七政游年八宅方位变化图
七政大游年八宅方位口诀：乾六天
五祸绝延生，坎五天生延绝祸六，
艮六绝祸生延天五，震延生祸绝五
天六，巽天五六祸生绝延，离六五
绝延祸生天，坤天延绝生祸五六，
兑生祸延绝六五天。
释意：五代表五鬼廉贞，属火，凶
位；祸代表祸害禄存，属土，凶位；
绝代表绝命破军，属金，凶位。延代
表延年武曲，属金，吉位；生代表生
气贪狼，属木，吉位；六代表六煞文
曲，属水，凶位；天代表天医巨门，属
土，吉位。

"八卦"，称"先天八卦"。后天八卦是周文王由先天八卦加入了人的因素演绎而成的，"乾坎艮震巽离坤兑"的顺序方位不同于先天八卦。又称"文王八卦"。

七政大游年的方位是依后天八卦而定的。其歌诀是："乾六天五祸绝延生，坎五天生延绝祸六'艮六绝祸生延天五，震延生祸绝五天六，巽天五六祸生绝延，离六五绝延祸生天'坤天延绝生祸五六，兑生祸延绝六五天。"口诀中第一个字是八卦的名即"座山"，将"伏位"放在座山上，依口诀顺序按顺时针方向即可确定七个方向的星位而知道其凶吉，大门、主房及灶要放在吉位上。多个院落组成的住宅，要先按群体的宫位做大布局，然后再逐个院落考虑其游年。

图2-12 "坎宅巽门"格局/上图
中国古代有一套"相宅"的说法，至宋代风水学说盛行，以河北正定为中心的风水学说，对北方民居起了决定性的影响。北京住宅的大门之所以偏在一方，采所谓"坎宅巽门"格局，即是风水学说产物。住宅的方位布局与开门朝向，皆按"七政大游年"而定。

图2-13 北京文昌胡同程宅/下图
北京四合院的大门不仅偏在东南隅，而且门内多设影壁，以避免由外直视内院。如图右侧即门内影壁，进入大门后即面对它，须左转90°才可进入内院。北京四合院处处可见风水学说影响。

图2-14 北京四合院影壁

图2-15 位居主轴线上的二门/对面页
二门（垂花门）是主轴线上仅次于主房的建筑，在"吉位高大多富贵"的风水要求下，往往加高台基、加上几级阶梯，以增加整体高度。

位于东西向胡同中的四合院基地都是坐北朝南的，主房放在北侧的坎位上，称"坎宅"，将"伏位"置于坎位，按七政大游年口诀：坎、五、天、生、延、绝、祸、六，以顺时针方向顺序核计，主房在坎位，灶房所在的东方是"天医"，为吉位。大门所在的东南方为"生气"，是吉位。完全符合要求。另外，有些阳宅书上以"开门"为首位计游年，那么门开在东南角的巽位时，其口诀是：巽、天、五、六、祸、生、绝、延，顺时针方向看，倒座房居"天医"，吉位；正房居"生气"位，吉位；灶房所在的东方居"延年"，吉位。也完全符合主房、灶房、大门均在吉位的要求，而且倒座房也在吉位。所以民间有"宅门开东南，建房实不难"的说法。

按七政大游年安排住宅方位，门朝哪个方向开都可以，只是要依口诀布置各房，"吉位高大多富贵"，在不吉之位建较小、较次要

的房屋即可，西南角不吉，厕所多建在那里。北京沿南北走向街巷的四合院，有的不惜占用自家基地留一通道，使住宅仍做成坐北朝南的"坎宅巽门"；有的宁可主房不朝南，以南房或西房为主房等，都是为了符合"大游年"之故。

关于北京四合院住宅大门偏在一方还有不少说法，如东南方属八卦中的"巽"位，西北方属"乾"位，巽与乾均属吉位，宜于开门。还有"天门"、"地门"等说法，这些均属风水学说范畴。另外一个值得注意的说法是满族住房的门不开在中线上而是偏在东侧，认为北京四合院住宅门开在东南面是满族的民族习惯。

至于建房中更多的讲究，如住宅内倒座房的中线不可与住宅主轴线完全重合，要偏移一些；厢房规模超过正房叫作"奴欺主"，不吉；胡同中对面两宅的大门要错开，不可正对；对面住宅房屋高出己宅时要在屋顶上建个小"吉星楼"；面迎街巷或其他不吉之处，在墙脚立一块"泰山石敢当"等，不一而足。

上述种种，反映了当时人们趋吉避凶的愿望，成为建造住宅的潜在指导因素。

三、影壁屏门
引人入胜

走在北京的胡同里，经常可以看到富丽堂皇的大门，其对面往往有一堵带有砖雕装饰的墙，这就是大门外影壁。而从胡同往大门里边看时，也会看到一座大门内影壁。

影壁的做法繁简不一，精致的带有基座、墙身、柱、枋、屋顶等各式细部构件，并且有丰富的砖雕花饰；简朴的则只在墙面上勾画出一个象征性的轮廓。以下就四合院大门外、内影壁做一叙述：

大门外影壁：依外观形式分，有一字形与八字形两种。影壁位于正对大门的胡同另一侧。一字形影壁为常见型，即一平面墙体，俯视平面呈一字形；八字形影壁在平面墙体两侧斜出两翼短墙，俯视平面呈八字形，故名；因

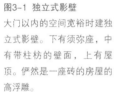

图3-1 独立式影壁
大门以内的空间宽裕时建独立式影壁。下有须弥座，中有带柱枋的壁面，上有屋顶。俨然是一座砖的房屋的高浮雕。

图3-2 住宅的二门
向内院看有一座木影壁。

影壁屏门　引人入胜

筑境　中国精致建筑⑩

a

b

图3-3 大门外影壁

官宦人家，在大门外胡同另一侧正对着大门处常建造影壁。它与大门相呼应，作为一个重要的标志物，并起着限定空间的作用。有一字形影壁（图a）和八字形影壁（图b）两种形式。八字形影壁扩大了大门前的空间，为停放、回转车马提供了方便。

图3-4 大门内影壁/上图

位于大门之内，迎面而立，左右各有四扇绿色屏门的墙，形成一个进入住宅的前导空间。它由基座、墙身及屋顶组成。考究的基座可做成须弥座形式，墙身大面用磨砖对缝的方砖45°，斜摆，边框做出柱子、礅墩、枋子等仿木建筑构件形象，中心饰以"中心四岔"砖雕花饰，或吉祥文字牌匾。屋顶上檐椽、飞子、筒瓦、屋脊、花草等样样俱全。

图3-5 中心四岔/下图

影壁心的高宽比例一般接近黄金分割，是扁长方形的，中心做成菱形砖雕花饰，四个岔角各做一三角形砖雕花饰。中心花饰用什么样的题材，岔角花饰就要与之呼应。花饰的题材十分丰富。

a

b

图3-6 影壁侧面博风上的砖雕

影壁可视为砖仿木的建筑缩影，它的屋身简略了许多，
但它的屋顶却一丝不苟地表现出来。不仅正立面上椽
子、飞子、筒瓦、屋脊一样不少，侧立面也被认真对
待，用磨砖表现出博风板；端部饰以"卐"字、柿子及
如意图案的砖雕，谐音与寓意为"万事如意"。

a

b

c

图3-7 影壁上的砖雕、匾牌

多出两侧墙体，相较于一字形影壁要占去胡同的少量地表面积。大门外影壁，一方面既可使人在走出大门时，能看到一个优美的图案，造成视觉上赏心悦目的效果；另一方面还有限定方位空间和标志地点的意义，让走在胡同中的人能感到前面已是某宅的所在了。同时八字形影壁由于造型的因素，可使大门前的空间往外扩大一点，如此便于车马回转停放，此为其又一功用。建造这种影壁在封建时代也是有制度限制的。

大门内影壁：依外观及形式不同，有独立式与跨山式两种。前者要有充裕的地皮才能做，后者只是在正对大门的东厢房南山墙上做成贴墙的影壁，最简单的也要在对着大门的东房山墙上画出一块象征性的影壁，刷成白色勾上黑灰色的边框。老北京有一种说法是：影壁能辟邪防鬼，因为鬼行进是直来直往的，不会转弯，因此在与胡同平行的门内造影壁，可以挡住各种鬼祟凶煞。

大门内影壁的两边墙上各开有四扇屏门。大门洞、影壁与两侧屏门共同围合成一个完整的空间。这个空间很小，甚至是略显局促的，但它是进入住宅内部的一个过渡，是一个构图完美的前导空间。作为多进空间序列的前奏，这个过渡是必要的，也是成功的。西侧的屏门通常不关闭，如此可以很自然地引导人们由大门经此走进前院。

影壁是北京四合院住宅中装饰较多的部位，大量使用砖雕。砖雕分硬心与软心两种做法。硬心影壁全部为清水墙（墙体表面不施粉刷或贴面材料，接缝以砂浆、石灰浆填嵌，表面光整，为墙面高级做法），磨砖对缝，砖雕精美。软心影壁的影壁心做混水墙（墙体表面施粉刷或贴面材料，粉刷、贴面起保护墙身及装饰作用，为常见做法），可施壁画或悬挂吉祥文字匾牌。屏门用镜面板做法，光平整洁，漆绿油（有的还洒金），红斗方，上写"斋庄中正"或"孝悌忠信"等文字，或用汉瓦当式的寿字纹样。在这个前导空间中，一些中国建筑的处理手法集中地展现在此方寸之地；短暂的时空过渡，忠实传达了北京人对居住环境的完美追求。

四、二门垂花 宅分内外

二门垂花 宅分内外

筑境 中国精致建筑100

垂花门位于四合院进落的主轴线上，是第二进院的出入口，进入内宅的主要通道。垂花门的得名，是因为它在外檐设有两颗垂莲柱，这两颗柱并不落地，而是以悬臂式的垂头结束，以收"占天不占地"的效果。这样就使得门外台基上有较开阔的活动余地。通常说的大家闺秀"大门不出、二门不迈"的二门，就是指的这道门。家中女眷迎送亲友的活动范围，亦是以此门为限。来宾的轿子可一直抬到垂花门，在门前台基上行礼，不设落地的柱子，在视觉空间上，当然要显得宽绰多了。

垂花门的形式极多，而用于四合院住宅的主要有两种，一种是单卷式，另一种是一殿一

图4-1 看面墙
垂花门两侧分隔内、外院的墙，是很显眼的地方，所以墙面常做成如影壁的外观，但较简单些。

图4-2 北京郭沫若故居中门

中门又称"二门"，为主轴线上第二进院的出入口，是进入
宅内的主要通道。因外檐设有两颗不落地之垂莲柱，雕绘精
致、状若垂花，故又名"垂花门"。

四合院的中门主要有两种，一种是单卷式，另一种是一殿一
卷式。因位居住宅中轴线的关键位置，是内外院落的联系孔
道，故而极尽雕凿彩绘。诸如高台基、台阶、木雕、砖雕、
油漆、彩画、石刻等等；举凡中国建筑所有的装饰手法，都
在此充分展现，堪称北京四合院的独到之作。

卷式。前者就是一个五檩或六檩的卷棚顶，后者则是勾连搭屋顶；前部三檩做清水脊，后部做卷棚顶。门安在前部，后部形成一间完整的方形屋宇。前部门的做法与大门类似，各项构件俱全，而且也用四颗门簪。后部正面是四扇绿色屏门，东西两面也做屏门。垂花门面积大的可由东西屏门下台阶直接到院子，面积小的要先下到廊子里再由廊子经台阶到院子。正面的四扇屏门只在重大喜庆仪礼或贵客光临时才偶一开启。左右的屏门总是开着的，屏门漆绿色，做法与装饰都和大门之内的屏门相似。

垂花门位居住宅中轴线的关键位置，它的重要性可以由它的屋顶高度要与厢房等齐这一点看出来。它是一座极小的建筑，而屋顶要那么高，就必须抬高它的台基，所以垂花门都在很高的台基上。从外院进门要上几步台阶，从垂花门进内院或到廊子去也要下台阶。垂花

图4-3 单卷式垂花门基本构造图

1. 柱
2. 檩
3. 角背
4. 麻叶抱头梁
5. 随梁
6. 花板
7. 麻叶穿插枋
8. 骑马雀替
9. 檐枋
10. 帘笼枋
11. 垂帘柱
12. 壶瓶牙子
13. 抱鼓石

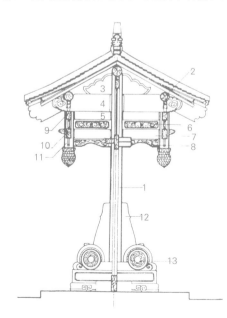

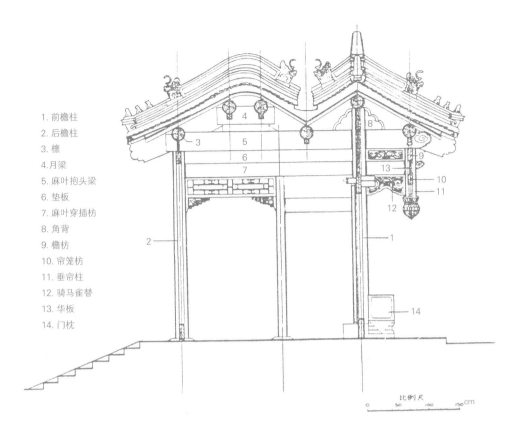

1. 前檐柱
2. 后檐柱
3. 檩
4. 月梁
5. 麻叶抱头梁
6. 垫板
7. 麻叶穿插枋
8. 角背
9. 檐枋
10. 帘笼枋
11. 垂帘柱
12. 骑马雀替
13. 华板
14. 门枕

比例尺

0   50   100   150 cm

图4-4 一殿一卷式垂花门基本构造图

二 门 垂 花　宅 分 内 外

筑境　中国精致建筑100

图4-5a,b　一殿一卷式垂花门/对面页

这是最正规、最常见的垂花门形式。朝外一面是有屋脊的"殿式"，朝内一面是卷棚顶，一殿一卷勾连搭相接。从外院看，它是一座款式新颖的门。

门虽小但极尽装饰之能事，在这里，砖雕、木雕、油漆、彩画、石刻等等中国建筑所有的装修装饰手段都可以充分发挥。在以浅灰色砖墙、铺地、深灰色屋顶为背景的院子中，出现这样一座华丽的小"屋"，当然是吸引人们视线的焦点了。

垂花门称得上是北京四合院的完美之作。它麻雀虽小，五脏俱全，而且每一个构件都着意处理。绿色屏门上或是加红斗方，或是加圆形瓦当"寿"字；梁头雕刻成麻叶头式；垂莲柱的垂头有莲蕾形的、风摆柳的；门簪、联楹、抱鼓石、门钹、博风板等都力求精致。从外院看它是一座华丽的小门，从内院看又是一幢玲珑精致的小屋；从廊上、从厢房、从正房看，不论哪个角度都很耐看，再加上四合院角上的海棠树的衬托，阳光倾洒，树影浮动，十分动人。

a

b

图4-6 垂花门内部仰视

垂花门内部是不加吊顶的，梁枋上遍施彩画，荷叶驼峰等构件与木雕装饰相结合。在进入典雅的庭院之前，先给人一个脂粉铅华的印象，对比十分强烈、醒目。

图4-7 从内院看垂花门/上图
它俨然是一座华丽的小屋，麻雀虽小，五脏俱全：卷棚顶、红色博风板、金色的梅花钉、彩画、木雕。正面的绿色屏门应当是关着的。

图4-8 垂花门的华板和垂珠/下图

图4-9 垂珠细部

垂花门位居住宅中轴线的关键位置，建筑虽小但极尽装饰。砖雕、木雕、油漆、彩画、石刻等中国建筑所有的装饰手法在这里都充分得到发挥。华板及垂莲柱是雕刻、彩绘的重点所在，华板多施苏式彩绘；垂莲柱雕刻上彩，垂头有莲蕾形、风摆柳、鬼脸儿等样式。

五、廊屋相属　有联有分

筑境　中国精致建筑100

廊子在四合院中也有着不可替代的地位。较具规模的四合院房屋都有檐廊，并用抄手游廊将各房屋的檐廊连通。庭院显得规整，四隅更隔出小院，增加空间变换的情调。

檐廊是俗话所说"前出廊后出厦"的廊，那是房前由室内到庭院的一个过渡的半开敞空间。游廊则是联系各房屋的有顶通道，从垂花门通往各房的转角廊子称"抄手游廊"。《红楼梦》第三回有林黛玉初进贾府时："林黛玉扶着婆子的手，进了垂花门，两边是抄手游廊"的描写。

廊子较矮小，尺度近人。在较高大的房屋之间用廊联系起来，可使建筑物在体量大小与虚实之间富于变化，给人以亲切感。廊本身有它的

图5-1 廊的属性
廊往往是庭院的边缘，它勾勒出庭院的形体，它与房屋的尺度及虚实形成对比，能增加空间层次的变化。廊的近人尺度，给人以居住氛围的亲切感。

图5-2 檐廊/对面页上图
从室内走出来不是一下子就到达露天，而是先通过有顶有柱的半开敞空间——檐廊，然后才下到院中。这样有层次的空间过渡所形成的人与自然的并系，和谐而有序。

使用功能，不仅在骄阳似火或雨雪天气，往来于宅内各房时免受日晒雨淋之苦，而且在风和日丽晴朗天气时，行走在廊内观看院中花木，景随步移，坐在坐凳栏杆上观看院景或猫狗等宠物嬉戏，也是一种享受。廊在住宅之中既是沟通各单位建筑的通道，同时也是界定庭院的一种手段。

四合院住宅中的廊都是单步廊，灰色小筒瓦卷棚顶，柱子用绿色梅花柱。所谓梅花柱就是方柱的四角内凹，形如海棠花瓣。这种柱一则可显得纤巧，再则角部不易碰损。柱子之间的额枋之下装挂落，与柱子交角处加花牙子雀替，下部设坐凳栏杆。栏杆的式样较简单，就是一条长的厚木板，不做靠背，下面设木制楸格。游廊是单面廊，朝庭院一面开敞，另一面为白粉墙，墙上设什锦窗，有方形、圆形、扇

北京四合院　廊屋相属　有联有分

筑境 中国精致建筑100

图5-3　游廊（马炳坚摄）/前页下图
它构成庭院边缘的完整性，联系于各房屋之间，给人以一个遮阳避雨雪的通道。同时为人提供一个坐憩观赏院景的处所，在不同的时间，坐在不同的位置上，不管是春花秋月，还是煦阳瑞雪，都可以享受到不同的院中景色。

图5-4　垂花门与廊的连接

图5-5 正房与厢房连接的廊

廊子较矮小，尺度近人。在较高大的房屋之间用廊联系起来，可使建筑物的体量大小与虚实之间富于变化，给人以亲切感。

a

b

廊
屋
相
属

有
联
有
分

a

图5-6a~d 什锦窗

四合院住宅中的廊大都是单面廊，朝庭院一面开敞，另一面
为白粉墙，墙上设什锦窗，有方形、圆形、扇面形、多角
形、桃形等等。什锦窗大多数只朝内庭院一面开，朝外是平
整的看面墙，但也有做成从外边看也是窗的，而且有的做成
灯窗，表面镶玻璃，里面装灯，夜间点灯可增加夜景气氛。

b

c

d

面形、多角形、桃形等。什锦窗大多数只朝内庭院一面开，朝外是平整的看面墙，但也有做成从外边看也是窗的，而且有的做成灯窗，表面镶玻璃，里面装灯。

墙也是围合院落的，称"围墙"。因为有"沿街房屋要联络整齐"的规定，所以一般都是以房屋的后檐墙沿胡同。偶然有房屋退后的，也要以围墙补齐。有一种大门左右有八字形的墙，称"撤字墙"，做法类似八字影壁，也有人将它列入影壁类，称为"撤山影壁"，相邻各宅之间要建围墙，而且往往较高。有真假硬顶、"鹰不落"顶、宝盒子顶等多种做法。

围墙内有时留有甬道，称为"更道"，是为护宅打更人行走的过道，发生火灾时，方便救火和起防止火势蔓延的作用。

六、自得其乐的小天地

北京四合院之所以特别强调这个"院"字绝非偶然，它的确是一座多功能的室外起居室。庭院这个空间六面体中，五个面都有边界，只有朝天的一面是开敞的。庭院是住宅内交通、休憩、晾晒衣物、曝书、儿童游戏、豢养宠物等的地方，它把大自然引进了日常生活。院内的地面有完整的砖砌铺装。四隅留出四块土地种植花树，以种海棠为正宗，取意"棠棣之华"，象征兄弟和睦，大家庭共同生活没有比和睦更重要的了。北京有谚语："桑枣杜梨槐，不入阴阳宅。"桑与"丧"谐音，枣梨与"早离"谐音，要避讳。北京的槐树很多，但多植道旁，或寺院衙署门前，住宅正院中极少种槐树。不过后来人们以实惠为主，有花、果、叶可赏可食的，如丁香、柿子、胡桃、香椿等都有人种，尤其是枣树种得最多。鲁迅文章中不是有"在我家的院子里有两棵树，一棵是枣树，还有一棵也是枣树"么！

图6-1 庭院俯瞰

"天棚、鱼缸、石榴树"是描绘北京四合院的俗语。所说的石榴树是盆栽的，瓦盆之外还套一层涂绿油的木桶。鱼缸中既养金鱼还要种名贵品种的荷花。院子中摆放的盆栽花木还有夹竹桃、桂花等，按季节更换。玉兰可以种在院子里，藤萝只能种在跨院里。至于"天棚"更是北京四合院一项有特色的设施。老北京有一种专门的"棚铺"，匠人叫"棚匠"，技艺非凡。天棚有两种。一种是为夏季防暑遮阴的，端午前后棚铺来人搭棚。所用杉篙、苇席等材料都由棚铺提供；秋凉后棚铺来人拆走，折算费用。天棚搭得很巧，略高于屋檐，有可开合的卷帘部分，遮阳又不碍通风。另一种天棚是在家中操办红白喜事时临时搭建的。来宾众多，室内容不下时，棚下可以摆酒席。唱堂会（如皮影戏、演杂耍、变戏法、唱大鼓

图6-2 庭院一隅

小型四合院的院子，经常保持整齐干净，一切杂物都堆放在闲屋或跨院中，洁净的庭院成为一家人独享的天地，是一处多功能的室外起居室。

自得其乐的小天地

筑境 中国精致建筑100

图6-3 户外的起居室——庭院

庭院是北京人的户外起居室，在庭院中可以进行多种活动，如饮茶、用餐、闲谈、儿童嬉戏等。特别在夏季，利用的机会更多。院中多置鱼缸，搭上凉棚，关起门来是一方温馨幸福的小天地。

书、说相声）时院子又是临时剧场，在垂花门北侧搭"行台"，垂花门内聊充后台，正房、厢房的廊子以及院子都是观众席。

老北京人眷恋四合院，院子应该是主要对象，它的确令人喜爱。一年四季，阴晴雨雪，院子使人与自然息息相关。冬天装起风门，挂上棉门帘，坐在炉边看窗外的飞雪；雪停了，院子里积起了厚厚的白雪，孩子们嬉笑着，打雪仗、堆雪人。夏天门上挂起竹帘，听帘外的细雨声。春秋佳日不用出户，在自己的天地里就能观花赏月，听虫鸣鸟唱。这些生活情趣，的确不是住在楼房里的人所能享受到的。有闲的人家，更养一群家鸽，健壮的雄鸽尾部带上哨子，在自家院子的上空盘旋，哨音有如管乐合奏（据说京剧泰斗梅兰芳曾经用看鸽子飞翔来锻炼自己的眼神）。庭院更是家养的猫儿、狗儿等宠物的乐园，就是笼中鸟挂在院子里也比总挂在屋子里惬意些吧！

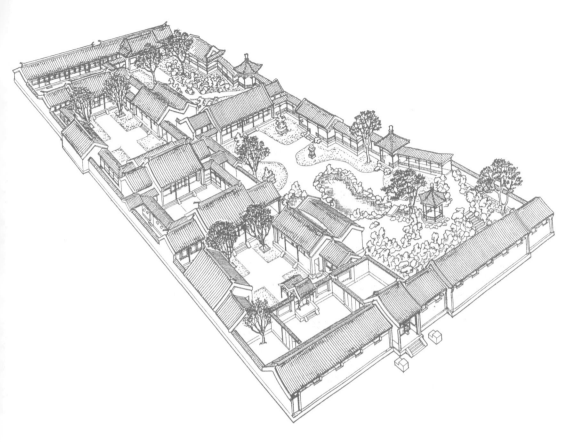

图6-4 帽儿胡同"可园"鸟瞰图
官宦人家的四合院常在侧面或后面附有花园、花厅等,供内眷亲属游憩之用。园中多点缀山、水池、亭廊之属。这是清朝乾隆时大臣刘墉的私宅。

有些大型住宅还附有宅园，受胡同间距的局限，宅园多数建在宅侧，而不是古典小说中常说的"后花园"，北京城内地势平坦，封建王朝又有禁止民间私引活水的规定，故而北京宅园难得有较大的水面，多以亭台楼榭和假山花木取胜。有些宅园也有楼台掩映、曲廊蜿蜒、花木扶疏的景观。造园者主观上是在仿江南园林，但因北方的工程做法较厚重，因而形成了一种介乎江南园林与北方皇家园林之间的北京宅园特有的风韵。

上文大多为富有人家的庭院情况，就是小型四合院的院子，也整齐干净，一切杂物等等都堆放在闲屋或跨院中。庭院乃不失为一家人独享的天地，一处多功能的室外起居室。

图6-5 老北京的眷恋
北京四合院之所以特别强调这个"院"字绝非偶然，它的确是一座多功能的室外起居室，是住宅内交通、休憩、晾晒衣物、曝书、儿童游戏、豢养宠物等等的地方，并巧用露天一隅，将大自然引进日常生活当中。老北京人眷恋四合院，院子应该是主要对象，它的确令人喜爱。一年四季，无论阴晴雨雪，院子都能使人与自然息息相关。

七、尊卑有序
长幼分明

中国的封建社会延续了两千余年之久。宗法制血缘社会的家族制度要求一家人要住在"情足以相亲，功足以相助"的空间里。由于四合院使一家人既相近又分隔，能够达到情相亲、功相助的目的，所以这种居住方式能一脉相传连续发展直到近代。各地的四合院因自然条件和人文因素的差异而略有不同，但整个中国正统的居住建筑，不管是江南的"四水归堂"、云南的"一颗印"，还是福建的大土楼，都属庭院式的住居，而北京四合院可以说是其中最具典型性的代表之一。

北 京 四 合 院

尊卑有序　长幼分明

筑境 中国精致建筑100

图7-1 房屋住宅分配示意图
正房及耳房：宅主夫妇起居室、卧室及内客厅。
厢房：儿辈起居室、卧室或书房、餐室。
倒座房：外客厅及男仆居室。
后罩房：储藏室及女仆居室。

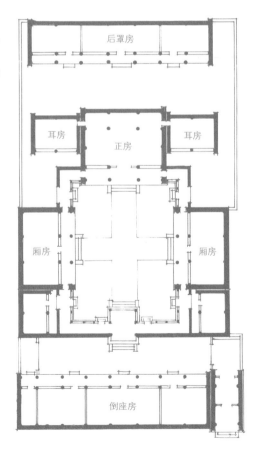

图7-2 东城区礼士胡同某宅东
厢房/后页

在"以中为尊"、"以左为上"
的传统观念下,北京四合院的建
筑布局即受此影响。厢房较中轴
线上主建筑体量较小、高度较
低。其中东厢房比西厢房稍高,
以示尊卑、主从关系。

中国封建社会的宗法礼教强调尊卑、长
幼、内外的区分。居住建筑很早就纳入了等级
划分的范畴。哪一等人住哪一等房舍都有典
章制度规定,而且规定得极为详尽:间数、
架数、用什么颜色、施什么装饰都有定制。
连名称都有等级区别,如府、第、家、庐、
舍……。唐代规定"宅"的门要开在"里"
内,"第"可以临街开门。庶人造堂舍"不得
过三间四架,门屋一间两架,仍不得辄施装
饰……";宋代规定"私居执政亲王曰府,余
官曰宅,庶人曰家……,凡庶民家不得施重
栱、藻井及五色文彩为饰,乃不得四铺飞檐,
庶人舍屋许五架、门一间两厦而已。"《明会
典》中有"洪武二十六年(1393后)定官员
盖造房屋并不许歇山、转角、重檐、重栱、
绘画、藻井……"、"庶民庐舍不过三间五
架,……不许用斗栱、施彩色。"《大清会
典》中对各级官员与庶民建房都有详细的等级
规定,而且对街道景观也有要求:"京师重
地,房屋庐舍自应联络整齐,方足壮观瞻而资
防范。其临街房屋一概不许拆卖。"后来禁令
放宽:"果系僻巷尚可筑墙垣者,令其拆卖,
即行筑墙遮蔽,联络整齐。"这些历代的规定
积淀下来,造成北京四合院中的房屋除王府的
正殿外,正房一般都是三开间,大型住宅可以
由多个院子纵向串联、横向并联,但主体建筑
都是以三间为一栋。

再看每一所住宅，一家之中家长的地位最高，其余家庭成员则是长幼有序，长子、长孙地位要高于同辈的兄弟。主人与仆人之间尊卑关系极严，对于妇女更是加以约束，强调内外有别。这些礼法在北京四合院建筑中，从总体布局到个体建筑的质量、尺度，再到房屋的使用分配都能表现出来。

在总体布局上，"以中为尊"是中国的传统观念，正房、正厅、垂花门都居中轴线上。垂花门面积虽小，要建在高高的台基上，屋顶与厢房等高。倒座房的中线要略微偏移它的主轴线，因为它的地位低。正房、正厅的台基高度，房屋的进深、开间，柱高、柱径的尺寸都最大，工

北京四合院 尊卑有序 长幼分明

筑境 中国精致建筑100

图7-3 垂花门

在中国传统伦理中，一家以家长的地位最高，其余家庭成员则是长幼有序。昔时主仆尊卑关系极严，对于妇女更是加以约束，强调内外有别。这些礼法在北京四合院建筑中，从总体布局到个体建筑的质量、尺度，再到房屋的使用分配都能表现出来。垂花门因位居中轴线上，在"以中为尊"的观念下，垂花门面积虽小，但仍建在高高的台基上，以提升其高度，使屋顶与厢房等高；而且工程用料、装修、雕饰极精，以强调其位居中轴的重要地位。

图7-4 厢房

北京四合院在总体布局上，系采"以中为尊"的中国传统观念。正房、正厅、垂花门都居中轴线上，体量较大；厢房等其他房屋则居左右等次要位置，体量并相应减小减低以示主从关系，即连左右厢房亦有所区别，东厢房略高于西厢房，以表示"左为上"。

尊卑有序　长幼分明

筑境　中国精致建筑100

程用料要最好，装修、雕饰要最精，一切都要居全宅之首。厢房等其他房屋要等而下之，相应减小减低以示主从关系。在老一些的四合院房屋中不仅正房与厢房、倒座房等尺度有别，就是正房的东西两个次间的开间尺寸也要有所差别。东次间要略大于西次间，东厢房略高于西厢房，以表示"左为上"。对于内外有别主要表现在"内宅"的观念上，妇女要住在尽量远离街门的住宅深处，男性宾客除至亲好友不入内宅。在住房的分配上，家长住正房的东次间，也是"左为上"的意思。其余人口按长幼次序分别住东厢房、西厢房。不当家的老太太等住在后罩房。倒座房一般作外客厅或书房用。男仆都必须住在外院或群房等内宅以外的房屋里。这样分配，尊卑、长幼、内外的宗法礼教都能体现出来。

在中国封建社会的尾声中，上述的规矩已逐渐淡化，在使用中已没有这些约束。但建筑是无字的书，它仍给人们留下了可见的中国封建社会的宗法礼教物化形象。

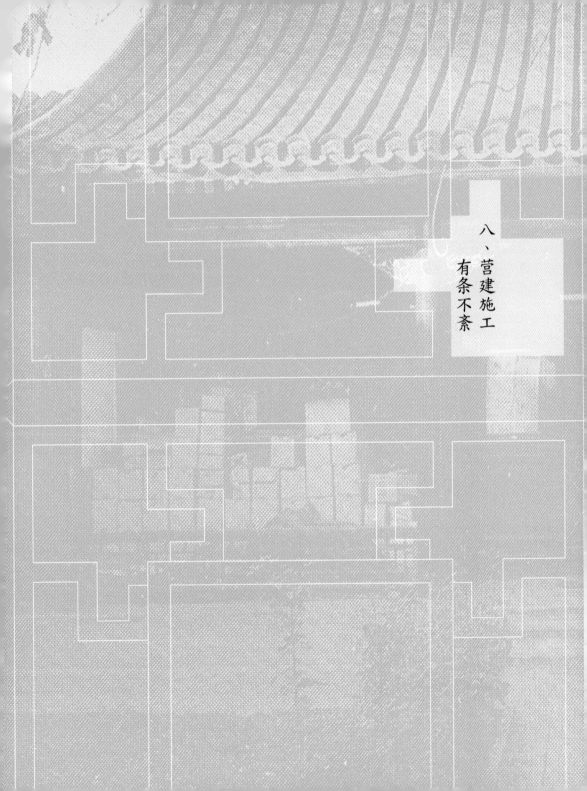

八、营建施工
有条不紊

过去北京人在盖房子时，主要是找大木厂的木工头和风水先生。木工匠师用搭尺在屋基地面上一放，就可以定出正房的位置、进深、开间的大小以及其余各房的一系列尺寸。风水先生用罗盘定好基地的正南北方向后，根据宅主的"命相"——即生辰八字，来决定中轴线应抢阳或抢阴几分，也就是把中轴线稍稍偏移一个角度。其操作方法是在正房明间中部前后各设一个"中墩子"，以此确定中线，作为基准。其他各房的位置则均依此中线而决定。在中墩子上，利用直角尺再放一条与中线垂直的正房前后檐柱中心线，钉在正房四角以外的"野墩子"上，再依次定出正房的开间、面阔等等。瓦木工常称自己所从事的行业为"中线行"，可见中线在建筑中的重要地位。

图8-1 砖墙

在房屋的明显部位砌清水砖墙，根据其位置的重要与否，有"干摆"、"撕缝"、"淌白"等砌法。而最具北京砖墙特色的是用碎砖垒砌的混水墙，"碎砖砌墙墙不倒"为北京三宝之一。

另外在四合院的设计中，"水法"也是
至关重要的一环。所谓"水法"，就是基地内
雨水的排除。因为中国传统建筑是以木构架承
重，墙体本身并不承托屋面重量，因此墙体的
基础埋深通常较浅，一般并达不到冰冻线以
下，所以迅速排除地面积水是保持地基干燥的
必要措施，因而北京四合院院内泛水坡度在设
计施工上，外观均有极为明显的坡度，而且都
是倾向院子的东南角，亦即所谓"青龙"的位
置，在墙根处并留有沟眼，俾使雨水迅速排出
宅外。并设有暗沟。砌排水暗沟所用的砖料和
砌工，也往往要比地面以上的施造要求更高，
可见其重要与受重视的程度。

图8-2 水法
在四合院的设计中，"水法"也是至关重要的一
环。所谓"水法"，就是基地内雨水的排除设计。
因为传统建筑是以木构架承重，墙体本身并不承
重，因此基础埋深较浅，所以迅速排除地面积水是
保持地基干燥的必要措施。因而院内泛水坡度在设
计施工上，外观均有极为明显的坡度，而且都是倾
向院子的东南角，亦即所谓"青龙"的位置；在墙
根处并留有沟眼，俾使雨水迅速排出宅外。

各单体建筑的工程做法，基本上多按《清式营造则例》的小式做法，但也有一些特殊之处。

由于北京天气寒冷，屋顶厚重，梁柱尺寸都很大。而且大多数房屋都做吊顶，所以梁多属"草栿"，不用细加工。墙体只在受力较大和显眼的地方用好砖精细加工，如下肩、槛墙用干摆灌浆，而山墙、后檐墙等处则常用碎砖砌混水墙，这是北京老瓦工的"绝活儿"，即俗语中的北京三宝之一的"烂砖头砌墙墙不倒"，这与北京建城年代久远，房屋拆盖次数多，旧料反复利用有关。

北京四合院外檐装修中较具有特色的，一个是帘架门，另一个是支摘窗。

图8-3a,b　支摘窗
每间用木框田字形分割成四扇窗，每扇又分为内外两层。内层固定，外层则是上扇可支起来，下扇可摘下来。白天支起上层，摘下下层。夜间装上，起保卫及防寒作用。

a

b 北方支摘窗示意图（引自马炳坚
《北京四合院建筑》）

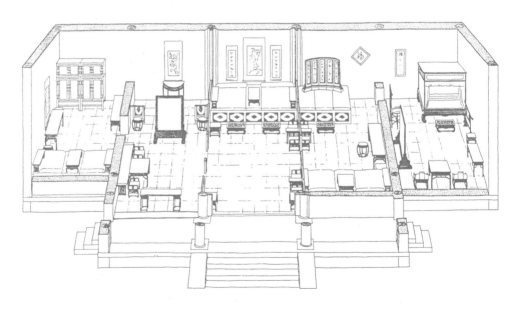

图8-4 正房及耳房室内布置示意图

营建施工 有条不紊

◎筑境 中国精致建筑100

图8-5 正房明间室内透视图

帘架门就是在房屋明间正中的两扇隔扇门之外加设帘架门，冬天挂棉门帘，夏天挂竹帘。有时再加上一单扇小门，称为"风门"。隔扇门开启面积过大，不利于防风、防蚊蝇；帘架门小，符合人体尺度，开启方便。帘架门是用荷叶拴斗和荷叶墩支撑固定的，可摘卸。帘架门很实用，而且美观，视觉上有强调中心的作用。随着生活的现代化，今天已看不到帘架门了。

支摘窗是北方住宅中常用的，窗在次间的两柱之间，下边为槛墙，槛墙之上分割成田字形窗框，再装窗扇。窗扇分内外两层，内层下面的窗糊纸，上面的窗糊冷布，内加纸卷窗。外层的窗上部做支窗，下部做摘窗。支窗设合页与挺钩，白天支起，夜里放下；摘窗白天摘下来，夜间装上；充分考虑到采光与空气流通的设计效果。

a

b

图8-6 屋顶

屋顶多用布瓦或叫阴阳瓦，考究些的做清水脊，脊端起"蝎子尾"，下托以砖雕的花草。差些的做鞍子脊，即不起脊。只有满族的贵族府第，才可以用筒瓦屋顶。

营建施工　有条不紊

筑境　中国精致建筑100

图8-7 室内分隔的罩示意图
左为落地罩，右为栏杆罩。

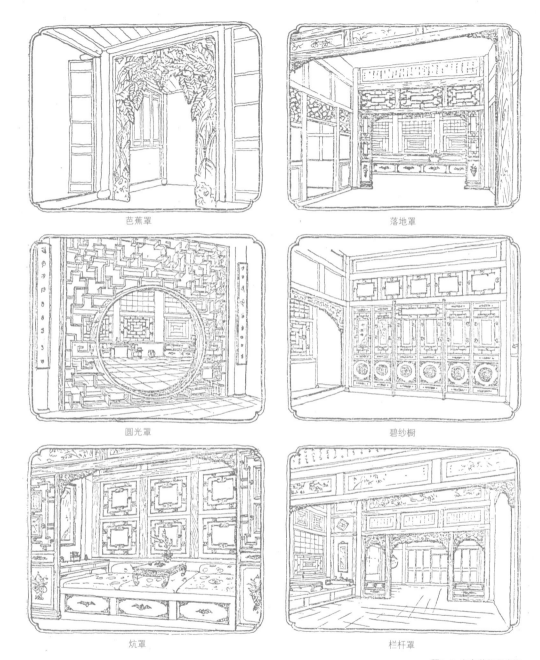

芭蕉罩

落地罩

圆光罩

碧纱橱

炕罩

栏杆罩

图8-8 室内装修示意图

营 建 施 工 有 条 不 紊

筑境 中国精致建筑100

内檐装修中具有两个特点，一个是室内用隔扇、花罩分隔空间，另一个是用纸裱糊顶棚及墙壁。过去一幢三开间的房屋住一对夫妇和幼小的孩子，对隔声的要求并不高，房屋的分隔不太严密，通常是以隔扇分出左侧一间，另两间之间用花罩做装饰性分隔。花罩有多种形式，如几腿罩、栏杆罩、落地罩、圆光罩、博古架等。花罩多用上好木料精雕细刻而成。隔扇是可装可卸的构件，需要时可以卸下，使空间扩大。

顶棚和墙壁用纸裱糊，是老北京住宅室内装修的一种特有做法，有专门从事此业的"裱房"，吊顶是用缠上废纸条的高粱秸做吊架，废旧纸糊底层，面层糊一种刷有大白粉的大白纸，能做得平整光滑。顶棚、墙壁、室内柱都糊，叫作"四白落地"。遇迁新居、结婚洞房等重大仪式时，往往都要裱糊一回，以收焕然一新效果。

从选基地、定中线、奠基、立柱、上梁、砌墙到内、外檐装修，都有一定模式，工序紧密相接，循序渐进，有条不紊；在紧密循序的工序中，展现北京四合院建筑的源远流长与智慧巧思。

a 北京叶圣陶故居中的槅扇

b 北京梅兰芳故居中的落地罩

图8-9 槅扇与落地罩

营建施工　有条不紊

图8-10　北京梅兰芳故居书房

筑境　中国精致建筑100

九、彩饰雕镂
画龙点睛

彩饰雕镂 画龙点睛

筑境 中国精致建筑100

北京四合院的风格是淡雅的，屋瓦、砖墙、地面的深浅灰色是主调，只是在若干醒目的部位略加装点。施加装饰的部位主要在大门、垂花门、屏门、帘架门等出入必经之处，加些雕饰或色彩。另外在房屋的边角轮廓线部位：屋脊的端部、墀头墙的戗檐等处，略加雕饰就颇有生气，顿添美感。

砖雕：砖雕是北京四合院房屋上运用很得体的一种装饰手段，繁简恰到好处。大门及房屋的墀头墙的戗檐，多施砖雕，图案的题材很多，如花卉、松鼠葡萄、狮子绣球等。如意门门楣之上更是砖雕的重点，题材有喜鹊登梅、荣华富贵、五蝠捧寿、渔樵耕读、博古等。有的将门楣以上用砖雕组成栏板望柱式样，栏板上加各色雕饰。影壁是出入大门必定看到的画面，当然是砖雕的用武之地，它简直就是一座用砖来表现建筑的浮雕，举凡建筑应有的顶、椽、额枋、柱子、磉墩、须弥座等等都有所显示。影壁心用磨砖斜摆衬底，饰以花饰，以"中心四岔"式的最多，也有的素平墙面中心雕刻悬挂匾牌的。花饰的题材名堂极多，常见的有：莲花牡丹、松竹梅兰、西番莲、鹤鹿同春、福寿三多、松猴挂印、平升三级等。匾牌上的文字有"迪吉"、"戬穀"、"凝釐"、"迎祥"、"平安"等富有文化气质和吉祥愿望的文字。屋脊也是吸引人们目光的所在，清水脊两端斜插向天的蝎子尾下的砖雕有平草、跨草、落落草等，有的屋脊正中还有砖雕的分脊花。此外"廊心子"、博风头、槛墙、柱根处的通风小门等也都用砖雕装饰。

镂花：在大门洞内的五花象眼处或廊心子处，可用"镂花"做装饰，做法是白灰打底，上罩黑灰，然后用镂子阴刻出白色线条，图案有锦纹及花卉等。

石刻：主要用在大门、垂花门门框两边的抱鼓石上，形式很多，最常见的是下为鼓形，上蹲小狮子（据考证应是"椒图"，即龙的九子之一）较小的门楼抱鼓石多为矩形的，雕刻比较简单。抱鼓石和门枕石相连，是大门轴下端必备的构件。

图9-1 墀头戗檐之砖雕

图9-2 金柱大门之砖雕
砖雕是北京四合院房屋上运用很得体的一种装饰手段，大门及墀头墙的戗檐等部位多施砖雕，图案题材很多。

木雕：用在大门、垂花门的门簪、雀替；垂花门的垂莲柱垂头、华板；廊子的花牙子雀替，以及内檐装修的花罩等处。大门的门簪常用四颗，有圆形、六角形、八角形等，雕刻的花饰多为四季花或吉祥文字。垂花门及如意门常用两颗门簪，门簪与联楹是大门轴上端必备的构件。抱鼓石、门枕石与联楹、门簪是构成大门轴转动的构件组，装饰这些必要的构件正好符合"去装饰你的构件，而不要构造装饰"的现代建筑原则。垂莲柱的垂头、华板花样极多，华板多为镂空透雕。隔扇门的裙板也是施加木雕之处；各种花罩更是木雕的集中之点，有的堪称雕刻的精品。

油漆彩画：早期因有禁令，一般四合院的大门只准用黑色，房屋也很少用彩画。晚近禁令不存，许多大门漆红色，有在黑漆门的中间做出红底黑字的门联，配上黄色的铜门钹、角叶，给人一种庄重而热烈的感觉。彩画只用苏式，以掐箍头最为常见。施用彩画的重点是垂花门。外檐的麻叶梁头、垂莲柱、垂头、华板、雀替、骑马雀替；内檐的梁、枋、驼峰等都施苏式彩画。垂莲柱头雕成莲蕾式、风摆柳式、方块形的鬼脸式；华板透雕成各种花样，这些既是雕刻，又施五彩，极尽繁华之能事。就是垂花门侧面的悬山部分厚厚的博风板也漆成红色，在与檩头相接部位做出金色的梅花钉，这既是结构的需要，又是夺目的装饰，真可谓点睛之笔。

北京四合院的昔日风采随着社会制度的变革和大家庭的解体早已一去不复返了。在城市现代化的推土机的轰隆声中，成片破旧的四合院群被夷为平地。四合院已逼近消亡。也许只能有极少数的四合院作为历史的记录和为旅游业利用而幸存下来。

彩饰雕镂　画龙点睛

籀境　中国精致建筑100

a

b

图9-3 砖雕

房屋墀头墙的戗檐、如意门的门楣、影壁心、屋脊
两端的花草、廊心子、槛墙等处，均是砖雕的用武
之地。作为装饰，砖雕多用于"显眼"处，同时它
也是一种"遮掩"的手段，例如在柱根的通风处和
槛墙上火炕的出烟口处，往往也用砖雕花饰。

a

b

c

图9-4 抱鼓石

抱鼓石是大门的必需构件，雕刻图案千变万化，外
形则以鼓为特征，是大门前的重要标志之一。

彩饰雕镂　画龙点睛

◎ 筑境　中国精致建筑100

图9-5　垂花门博风板上之
彩画和金色梅花钉/上图

图9-6　垂花门垂莲柱之木
雕和彩画/右图

图9-7　槅扇裙板上的木雕/
对面页上图

图9-8　垂花门华板之木雕
和彩画/对面页下图
垂花门的垂莲柱的垂头、门
簪、雀替、华板等是重点装
饰部位，故其雕刻、彩画十
分精巧华丽，给人以光彩夺
目的印象。

北京四合院房屋尺寸比较

房屋名称		平面尺寸			檐高	墙厚
		面阔	进深	前檐廊深		
正房	明间	1丈1尺	1丈4尺或 1丈6尺	3尺或4尺 5寸	1丈2尺	1尺2寸或 1尺4寸
	东次间	1丈零5分				
	西次间	1丈				
东西厢房	明间	1丈	1丈2尺或 1丈4尺	3尺	1丈1尺	1尺2寸
	北次间	9尺				
	南次间	9尺5寸				
耳房		9尺5寸	1丈2尺或 1丈4尺		9尺	1尺2寸
六檩勾连搭 垂花门或过厅		9尺或1丈	1丈4尺		1丈1尺5 寸	
倒座房		9尺或1丈	1丈4尺		1丈1尺	
后罩房		9尺	1丈2尺		1丈零5分	

图书在版编目（CIP）数据

北京四合院 / 王其明撰文 / 张振光等摄影. —北京：中国建筑工业出版社，2013.10
（中国精致建筑100）
ISBN 978-7-112-15717-4

Ⅰ.①北… Ⅱ.①王… Ⅲ.①北京四合院–建筑艺术–图集 Ⅳ.① TU241.5-64

中国版本图书馆CIP 数据核字（2013）第189756号

©中国建筑工业出版社

责任编辑：董苏华 张惠珍 孙立波
技术编辑：李建云 赵子宽
图片编辑：张振光
美术编辑：赵 清 康 羽
书籍设计：瀚清堂·赵 清 周伟伟 康 羽
责任校对：张慧丽 陈晶晶 关 健
图文统筹：廖晓明 孙 梅 骆毓华
责任印制：郭希增 臧红心
材料统筹：方承艺

中国精致建筑100

北京四合院

王其明 撰文/张振光 等摄影

中国建筑工业出版社出版、发行（北京西郊百万庄）

各地新华书店、建筑书店经销

南京瀚清堂设计有限公司制版

北京顺诚彩色印刷有限公司印刷

开本：889×710 毫米 1/32 印张：$3\frac{1}{8}$ 插页：1 字数：127 千字
2016年12月第一版 2016年12月第一次印刷
定价：**48.00**元
ISBN 978-7-112-15717-4
　　　（24302）